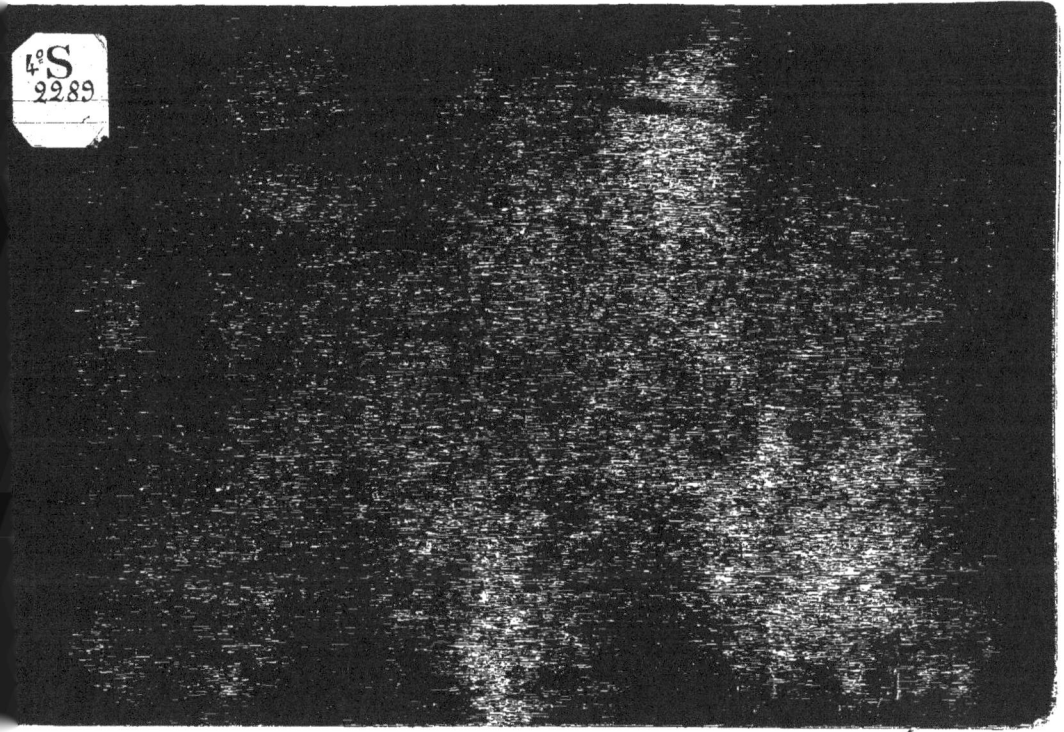

BARÈME

pour le cas de "DEUX PLACÉS" à l'unité de 10 francs

indépendant du prélèvement fixé par le Ministère.

Manière de procéder pour trouver les Rapports des chevaux placés.

$M \times r$

1° Multiplier le nombre total des mises sur "placés" du totalisateur de l'enceinte par le rapport existant entre la somme à répartir et la recette. (Dans le cas du prélèvement de 7 1/2 %, ce rapport est égal à $\frac{92,5}{100}$ ou 0,925 ; dans le cas du prélèvement de 8 %, ce rapport est égal à $\frac{92}{100}$ ou 0,92) ;

$(M \times r) - m$

2° Du produit obtenu, retrancher le nombre total des mises prises sur les deux chevaux arrivés placés ;

$\dfrac{(M \times r) - m}{n_x}$

3° Diviser le reste de cette soustraction successivement par les nombres de mises correspondant à chacun des deux chevaux payables comme placés ;

4° Chercher dans les colonnes rouges du présent barème la place qu'occuperait chacun des quotients obtenus ; en regard de l'intervalle, dans la colonne noire, se trouve exprimée en francs la valeur du rapport du cheval correspondant, c'est-à-dire la somme à payer par mise sur ce cheval.

— 33 —

5

Exemple du cas ordinaire.

Données de la 2ᵉ course du 24 mai 1903 à Chantilly (prélèvement de $7 \ ^{1}/_{2} \ ^{0}/_{0}$; $\mathbf{r} = 0,925$) :

$\mathbf{M}$, le total général des mises sur « Placés », est égal à 3 546 ;

Arrivée : cheval 2 premier placé ; cheval 1 deuxième placé ;

$\mathbf{n_2}$, total des mises sur le cheval n° 2 . . . . 442 $\Big)$

$\mathbf{n_1}$, — — n° 1 . . . . 1 742 $\Big)$ $\mathbf{m} = 2184$

La répartition a donné 22 fr. 50 par mise pour le cheval n° 2,

et 13 fr. — — n° 1.

Faisons le calcul par la méthode du Barème :

1ʳᵉ opération : 3 546 $\times$ 0,925 $=$ 3280,05 ;

2ᵉ — 3280,05 — 2 184 $=$ 1096,05 ;

3ᵉ — $\Big\{$ 1096,05 : 442 $=$ **2,479** ;
1096,05 : 1 742 $=$ **0,629** ;

4ᵉ — Cherchons la place qu'occuperait chacun de ces quotients dans les colonnes rouges du barème.

2,479 est compris entre **2,45** et **2,55** et donne 22 fr. 50 pour le cheval n° 2.

0,629 est compris entre **0,55** et **0,65** et donne 13 francs pour le cheval n° 1.

Ces résultats sont identiques à ceux fournis par le calcul ordinaire.

Cas de Dead-Heat.

Si, dans l'exemple que nous venons de choisir, il y avait eu Deat-Heat pour la seconde place entre les chevaux n°ˢ 1 et 6 par exemple, on aurait tenu compte, dans le total m, des mises de ce cheval 6.

Supposons 128 mises sur cheval 6.
On aurait eu :
$$m = 442 + 1\,742 + 128 = 2\,312 ;$$
et la 2ᵉ opération aurait été :
$$3280,05 - 2\,312 = 968,05.$$

Les quotients de la 3ᵉ opération auraient été :

pour le cheval 2 premier placé . . . . $\dfrac{968,05}{442} = \mathbf{2{,}190}$

et pour les 2 chevaux en dead-heat pour la 2ᵉ place $\left\{\begin{array}{l} \text{cheval n° 1 . . . . } \dfrac{\frac{968,05}{2}}{1\,742} = \mathbf{0{,}277} \\[3mm] \text{cheval n° 6 . . } \dfrac{\text{moitié de } 968,05}{128} = \mathbf{3{,}781} \end{array}\right.$

Ces 3 quotients auraient été cherchés dans le présent barème comme dans l'exemple précédent et on aurait trouvé :

Pour le cheval 2. . . . . 21 fr.
— 1. . . . . 11 fr. 50
et — 6. . . . . 29 fr. »

10 F^{rs} DEUX Placés

	FR. C.		FR. C.		FR. C.		FR. C.
	10 »		20 »		30 »		40 »
0,05	10.50	**2,05**	20.50	**4,05**	30.50	**6,05**	40.50
15	11 »	15	21 »	15	31 »	15	41 »
25	11.50	25	21.50	25	31.50	25	41.50
35	12 »	35	22 »	35	32 »	35	42 »
45	12.50	45	22.50	45	32.50	45	42.50
55	13 »	55	23 »	55	33 »	55	43 »
65	13.50	65	23.50	65	33.50	65	43.50
75	14 »	75	24 »	75	34 »	75	44 »
85	14.50	85	24.50	85	34.50	85	44.50
95	15 »	95	25 »	95	35 »	95	45 »
1,05	15.50	**3,05**	25.50	**5,05**	35.50	**7,05**	45.50
15	16 »	15	26 »	15	36 »	15	46 »
25	16.50	25	26.50	25	36.50	25	46.50
35	17 »	35	27 »	35	37 »	35	47 »
45	17.50	45	27.50	45	37.50	45	47.50
55	18 »	55	28 »	55	38 »	55	48 »
65	18.50	65	28.50	65	38.50	65	48.50
75	19 »	75	29 »	75	39 »	75	49 »
85	19.50	85	29.50	85	39.50	85	49.50
95	20 »	95	30 »	95	40 »	95	50 »

10 Fʳˢ DEUX Placés

	PR. C.		PR. C.		PR. C.		PR. C.
8,05	50 »	**10,05**	60 »	**12,05**	70 »	**14,05**	80 »
15	50.50	15	60.50	15	70.50	15	80.50
25	51 »	25	61 »	25	71 »	25	81 »
35	51.50	35	61.50	35	71.50	35	81.50
45	52 »	45	62 »	45	72 »	45	82 »
55	52.50	55	62.50	55	72.50	55	82.50
65	53 »	65	63 »	65	73 »	65	83 »
75	53.50	75	63.50	75	73.50	75	83.50
85	54 »	85	64 »	85	74 »	85	84 »
95	54.50	95	64.50	95	74.50	95	84.50
9,05	55 »	**11,05**	65 »	**13,05**	75 »	**15,05**	85 »
15	55.50	15	65.50	15	75.50	15	85.50
25	56 »	25	66 »	25	76 »	25	86 »
35	56.50	35	66.50	35	76.50	35	86.50
45	57 »	45	67 »	45	77 »	45	87 »
55	57.50	55	67.50	55	77.50	55	87.50
65	58 »	65	68 »	65	78 »	65	88 »
75	58.50	75	68.50	75	78.50	75	88.50
85	59 »	85	69 »	85	79 »	85	89 »
95	59.50	95	69.50	95	79.50	95	89.50
	60 »		70 »		80 »		90 »

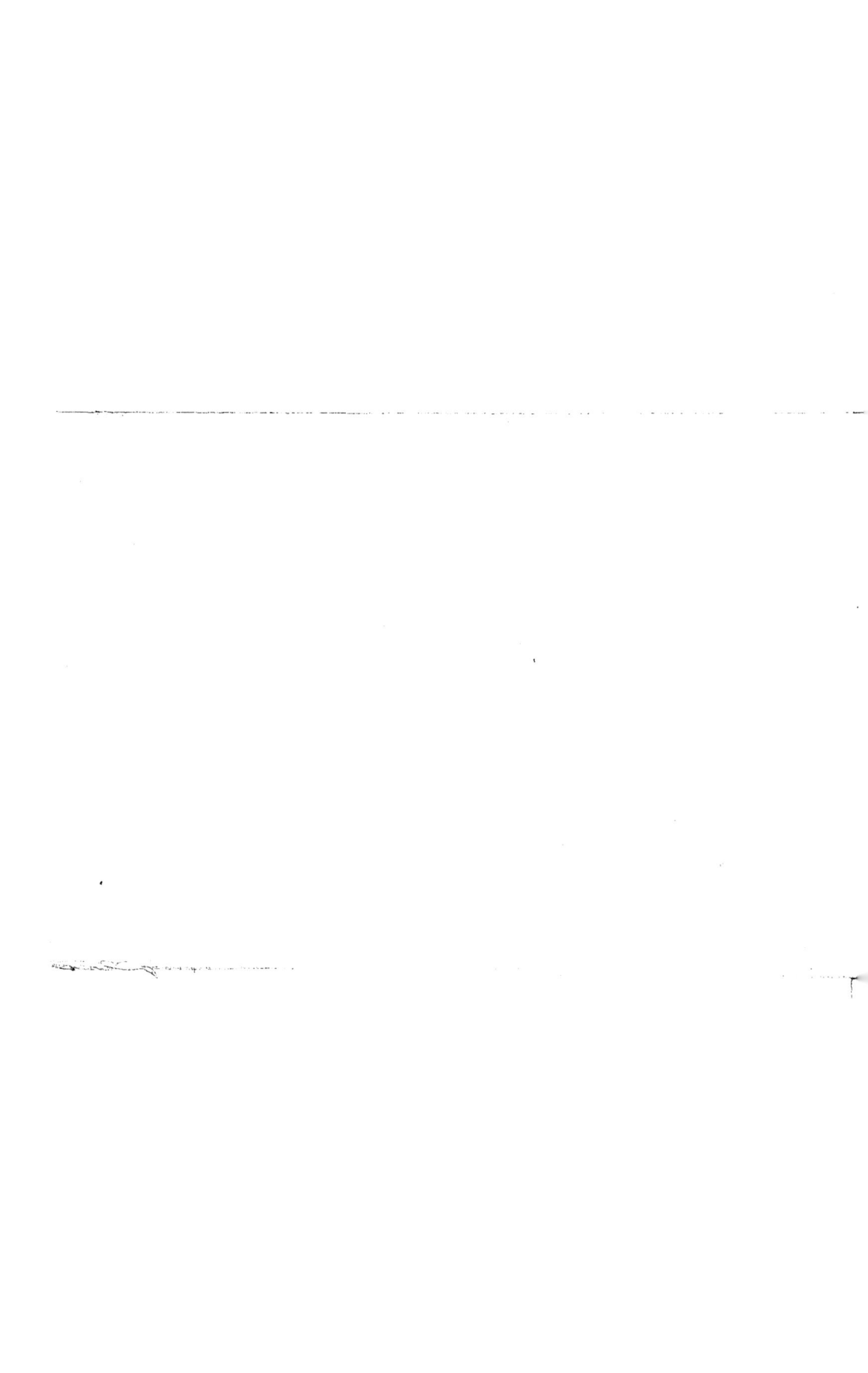

10 Frs DEUX Placés

	FR. C.		FR. C.		FR. C.		FR. C.
16,05	90 »	**18,05**	100 »	**20,05**	110 »	**22,05**	120 »
15	90.50	15	100.50	15	110.50	15	120.50
25	91 »	25	101 »	25	111 »	25	121 »
35	91.50	35	101.50	35	111.50	35	121.50
45	92 »	45	102 »	45	112 »	45	122 »
55	92.50	55	102.50	55	112.50	55	122.50
65	93 »	65	103 »	65	113 »	65	123 »
75	93.50	75	103.50	75	113.50	75	123.50
85	94 »	85	104 »	85	114 »	85	124 »
95	94.50	95	104.50	95	114.50	95	124.50
17,05	95 »	**19,05**	105 »	**21,05**	115 »	**23,05**	125 »
15	95.50	15	105.50	15	115.50	15	125.50
25	96 »	25	106 »	25	116 »	25	126 »
35	96.50	35	106.50	35	116.50	35	126.50
45	97 »	45	107 »	45	117 »	45	127 »
55	97.50	55	107.50	55	117.50	55	127.50
65	98 »	65	108 »	65	118 »	65	128 »
75	98.50	75	108.50	75	118.50	75	128.50
85	99 »	85	109 »	85	119 »	85	129 »
95	99.50	95	109.50	95	119.50	95	129.50
	100 »		110 »		120 »		130 »

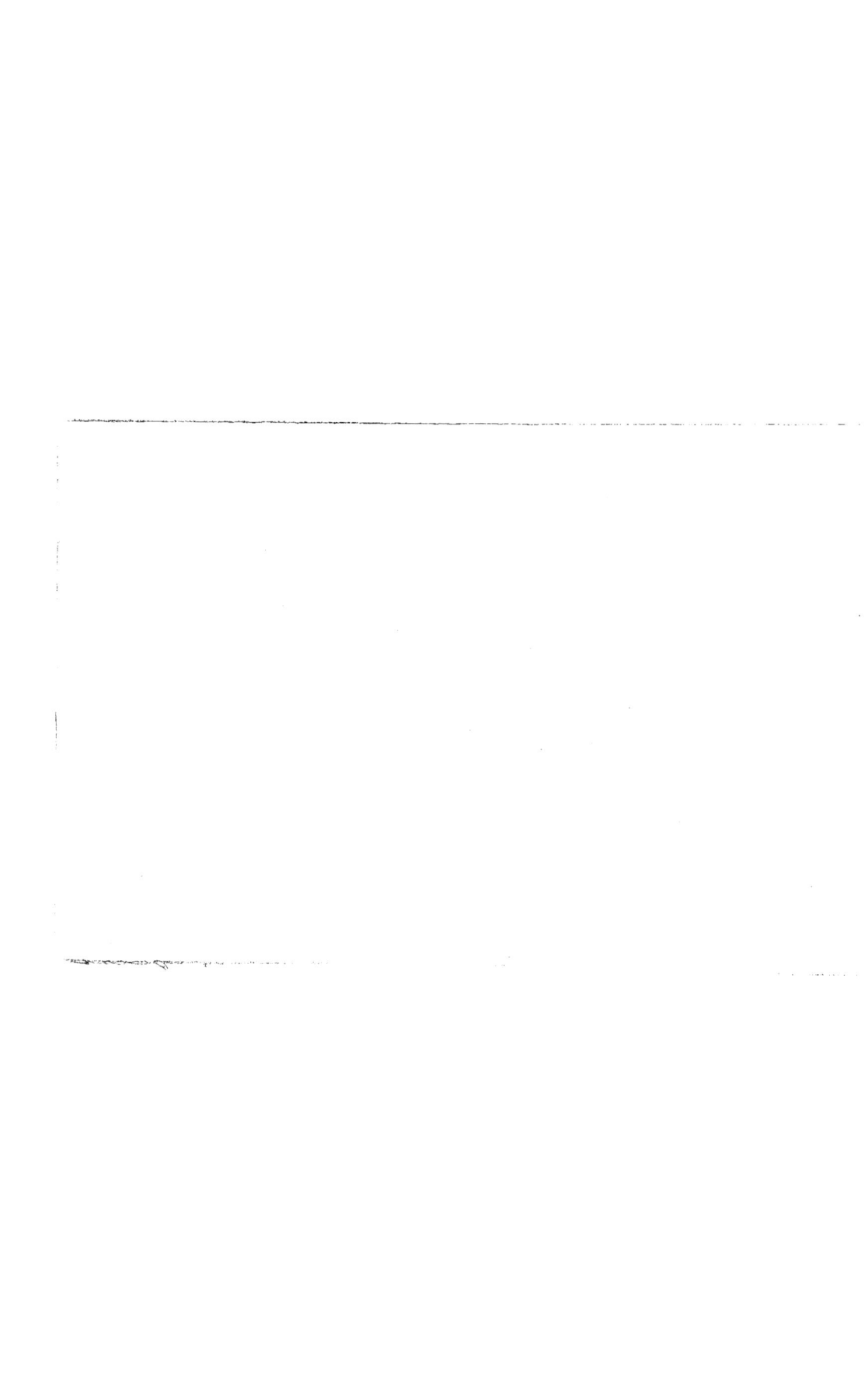

10 Frs DEUX Placés

	FR. C.		FR. C.		FR. C.		FR. C.
24,05	130 »	26,05	140 »	28,05	150 »	30,05	160 »
	130.50		140.50		150.50		160.50
15	131 »	15	141 »	15	151 »	15	161 »
25	131.50	25	141.50	25	151.50	25	161.50
35	132 »	35	142 »	35	152 »	35	162 »
45	132.50	45	142.50	45	152.50	45	162.50
55	133 »	55	143 »	55	153 »	55	163 »
65	133.50	65	143.50	65	153.50	65	163.50
75	134 »	75	144 »	75	154 »	75	164 »
85	134.50	85	144.50	85	154.50	85	164.50
95	135 »	95	145 »	95	155 »	95	165 »
25,05	135.50	27,05	145.50	29,05	155.50	31,05	165.50
15	136 »	15	146 »	15	156 »	15	166 »
25	136.50	25	146.50	25	156.50	25	166.50
35	137 »	35	147 »	35	157 »	35	167 »
45	137.50	45	147.50	45	157.50	45	167.50
55	138 »	55	148 »	55	158 »	55	168 »
65	138.50	65	148.50	65	158.50	65	168.50
75	139 »	75	149 »	75	159 »	75	169 »
85	139.50	85	149.50	85	159.50	85	169.50
95	140 »	95	150 »	95	160 »	95	170 »

10 FRS DEUX Placés

	FR. C.		FR. C.		FR. C.		FR. C.
32,05	170 »	**34,05**	180 »	**36,05**	190 »	**38,05**	200 »
15	170.50	15	180.50	15	190.50	15	200.50
25	171 »	25	181 »	25	191 »	25	201 »
35	171.50	35	181.50	35	191.50	35	201.50
45	172 »	45	182 »	45	192 »	45	202 »
55	172.50	55	182.50	55	192.50	55	202.50
65	173 »	65	183 »	65	193 »	65	203 »
75	173.50	75	183.50	75	193.50	75	203.50
85	174 »	85	184 »	85	194 »	85	204 »
95	174.50	95	184.50	95	194.50	95	204.50
33,05	175 »	**35,05**	185 »	**37,05**	195 »	**39,05**	205 »
15	175.50	15	185.50	15	195.50	15	205.50
25	176 »	25	186 »	25	196 »	25	206 »
35	176.50	35	186.50	35	196.50	35	206.50
45	177 »	45	187 »	45	197 »	45	207 »
55	177.50	55	187.50	55	197.50	55	207.50
65	178 »	65	188 »	65	198 »	65	208 »
75	178.50	75	188.50	75	198.50	75	208.50
85	179 »	85	189 »	85	199 »	85	209 »
95	179.50	95	189.50	95	199.50	95	209.50
	180 »		190 »		200 »		210 »

	FR. C.
40,05	210 »
15	210.50
25	211 »
35	211.50
45	212 »
55	212.50
65	213 »
75	213.50
85	214 »
95	214.50
41,05	215 »
15	215.50
25	216 »
35	216.50
45	217 »
55	217.50
65	218 »
75	218.50
85	219 »
95	219.50
	220 »

Moyen de trouver le Résultat

lorsque le quotient à chercher

dans le Barême " 10^{fr} Deux Placés " est supérieur à **41,95**.

RÈGLE :

On divise par la constante **0,20** la différence entre le nombre considéré et **41,95** : en négligeant dans le quotient de cette division la fraction de 50 centièmes, on obtient en francs la somme à ajouter à **220** francs pour avoir le résultat cherché.

Exemple :

Soit **95,57** le quotient auquel ont donné lieu les calculs effectués de la formule $\dfrac{(M \times r) - m}{n_c}$

1re opération : **95,57 — 41,95** $=$ 53,62 ;

2e — 53,62 : **0.20** $=$ 268,10 soit 268 en négligeant la fraction de 50 centièmes ;

3e — **220** francs + 268 francs $=$ 488 francs.

Le résultat cherché est 488 francs.

Nota. — Dans le cas de 268 *exactement et sans reste*, on compterait 267 fr. 50.

Dans le cas de 268,50 *exactement et sans reste*, on compterait 268 francs.

— 47 —

ERRATUM

Dans les exemples que nous donnons page 35, 11ᵉ ligne (cheval nᵒ 1), il s'est produit une erreur de repérage dans l'impression du rouge ; ce n'est pas :

$$\dfrac{\dfrac{968,05}{2}}{1\ 742} = 0,277 \quad \text{qu'il faut lire, mais} \quad \dfrac{\dfrac{968,05}{2}}{1\ 742} = 0,277$$

Imprimerie G. RICHARD, 7, Rue Cadet, Paris

www.ingramcontent.com/pod-product-compliance
Lightning Source LLC
Chambersburg PA
CBHW050442210326
41520CB00019B/6039